ANALYSE

DE

L'EAU DE GRANDRIF

(PUY-DE-DÔME)

Par M. Ossian HENRY père

Chimiste, Membre de l'Académie impériale de Médecine
et chef de ses travaux chimiques, etc.

L'usage des boissons acidules gazeuses pour la table, comme
moyen hygiénique, s'est popularisé depuis plusieurs années
tant en France qu'à l'étranger, et il tend chaque jour à s'ac-
croître encore. On ne doit pas s'étonner alors de voir une
foule d'eaux gazeuses naturelles ou artificielles employées
dans ce but, et des appareils divers proposés pour préparer
celles-ci.

Si les eaux acidules gazeuses artificielles paraissent quel-
quefois préférées en raison de ce que leur gaz carbonique,
plutôt emprisonné que dissous, s'échappe aussitôt que la
pression cesse et produit une mousse effervescente, comme
les vins mousseux, les eaux naturelles présentent toujours
plus d'avantages. En effet, bien que très-riches en gaz carbonique, elles tiennent ce gaz plutôt en dissolution qu'inter-
posé, et on ne le voit souvent s'en séparer qu'avec une sorte
de difficulté, sous l'aspect de bulles abondantes continues.
C'est un avantage pour le but qu'on se propose d'atteindre,
car le gaz, s'échappant progressivement en quantité moindre

1861

à la fois, ne stimule pas aussi vivement l'estomac, comme cela arrive avec les eaux artificielles, et ne tend pas ainsi à fatiguer cet organe important de la vie.

Parmi les eaux naturelles gazeuses qui sont préconisées comme boissons hygiéniques, on peut principalement citer celles de Renaison, de Saint-Alban, de Condillac, de Soulzmatt; à côté de celles-ci et tout à fait en parallèle, nous venons placer l'eau de Grandrif, originaire du département du Puy-de-Dôme; c'est elle qui fait l'objet de ce travail.

Cette eau, employée déjà depuis quelque temps avec grand succès dans les arrondissements de Lyon, de Saint-Étienne et Montbrison, offre des avantages réels, parce que, à côté du gaz carbonique libre qu'elle renferme en grande quantité, elle ne présente que fort peu de substances salines, toutes favorables d'ailleurs à la digestion.

L'eau de Grandrif a été plusieurs fois l'objet d'études chimiques et géologiques, toutes d'accord pour la faire ranger au nombre des eaux gazeuses naturelles de premier ordre.

Grandrif, situé à huit kilomètres environ de la ville d'Ambert, dans le département du Puy-de-Dôme, possède la source d'eau qui nous occupe et qui porte son nom; elle sourd d'un terrain primitif et d'une roche de gneiss, coule avec abondance dans un bassin creusé dans le roc, en dégageant des bulles nombreuses d'acide carbonique; elle est froide et constamment à sept degrés centigrades au plus, circonstance qui tend à y retenir le gaz. Sa saveur est agréable, acidule, fraîche et sans aucun arrière-goût, et de plus elle n'exhale aucune odeur désagréable, soit à la source, soit dans les bouteilles où elle est expédiée au loin.

Les essais d'analyse y ont fait reconnaître comme éléments minéralisateurs, d'abord l'acide carbonique libre, les bicarbonates et silicates alcalins associés à quelques chlorures, sulfates, etc.

La proportion de substances fixes trouvées après une évaporation convenable de l'eau de Grandrif, n'a été que de

0,264 pour un litre, aussi, à cause de la grande quantité de gaz carbonique que fournit cette eau, on ne lui trouve qu'une densité presque égale à celle de l'eau distillée, 1,006. (Lecoq, *Recherches analytiques et médicales sur les eaux de Grandrif.*)

Enfin, comme propriété très-avantageuse pour l'emploi de l'eau en question, nous devons signaler celle de ne pas troubler le vin ni changer en rien sa couleur.

Voici la composition que nous assignons à l'eau de Grandrif, d'après l'analyse que nous avons récemment faite à Paris. Elle contient, pour un litre ou mille grammes :

Acide carbonique libre...................	$1^1,070$
Bicarbonate de soude....................	0,025
— de potasse....................	0,013
— de chaux....................	0,250
— de magnésie	0,170
— de fer et de manganèse.......	0.005
Silicates alcalins et terreux............	0,044
Chlorure de sodium....................	0,009
Sulfates de soude et de chaux	0,003
Phosphate d'alumine....................	0,010
Matières organiques....................	0,010
Iodures...........................	⎫
Arsenic............................	⎬ Traces.
Fer.	⎭
Manganèse.........................	

C'est donc bien réellement une eau très-peu chargée de substances salines. Ces substances sont de plus toutes très-favorables à l'action digestive et ne sauraient, dans la majorité des cas, agir autrement que comme agents hygiéniques.

Nous croyons dès lors que l'eau de Grandrif est dans les meilleures conditions pour être employée principalement comme boisson hygiénique de table; car en raison de sa légèreté, de sa saveur agréable, fraîche, puis de la minime

proportion de substances salines qu'elle recèle et de l'inno-
cuité complète de cette eau sur le vin qu'on mélange avec
elle, l'eau de Grandrif remplit tous les avantages désirés en
pareil cas, et nous ne doutons pas alors du succès qu'elle doit
obtenir.

Nous ajouterons enfin, comme propriété très-bonne à
signaler, que cette eau se conserve très-longtemps en bouteilles, sans éprouver la moindre altération putride ou
sulfureuse; on explique très-aisément ce fait par l'inspection
des produits de l'analyse, car on reconnaît qu'il ne s'y
trouve que des traces de sulfates et de matières organiques,
causes premières des altérations signalées; le fait et la
théorie sont donc ici tout à fait d'accord.

Signé O. HENRY.

Le 14 juillet 1859.

NOTICE

EAUX MINÉRALES

GAZEUSES NATURELLES

DE GRANDRIF

⁓⁓⁓

I

Grandrif est situé à deux petites lieues d'Ambert, à la base d'un groupe de collines à la croupe arrondie, qui descendent brusquement dans la magnifique vallée de la Grandrive.

Peu de voyageurs ont parcouru la route d'Ambert à Montbrison sans admirer ce gracieux village, caché dans un des replis les plus pittoresques de nos montagnes.

Un peu au-dessus du village, sur la lisière d'un bois de hêtres dont la luxuriante végétation la dérobe à tous les regards, sourd l'eau minérale de Grandrif.

La source sort du terrain primitif et de la roche de gneiss, qui constitue la presque totalité du sol de la contrée ; elle est recueillie dans un bassin creusé dans le roc, et le trop plein va se perdre dans le lit du ruisseau voisin.

Cette eau minérale était à peine connue avant 1836 ; jusque-là elle avait été le patrimoine exclusif de quelques fiévreux de la banlieue et du Forez, qui venaient la boire à la source, et de quelques estomacs intelligents pour qui on la conservait religieusement en bouteilles.

Le colonel du Patural, de Poitiers, en était alors propriétaire, et tous les ans il s'en faisait expédier quelques caisses pour son usage personnel; c'est à sa table que le docteur Carré put les apprécier pour la première fois.

Émerveillé de leur saveur agréable et de leurs propriétés apéritives, le docteur Carré les soumit à une analyse précise et détaillée; il constata notamment dans cette eau la présence de l'énorme proportion d'un volume et un cinquième de gaz acide carbonique. Aussi l'éminent praticien de Poitiers, concluant sous l'impression, non-seulement des résultats obtenus dans son laboratoire, mais encore de ses souvenirs de table, ajoutait-il dans son compte rendu :

« D'après ce qui précède, nous croyons pouvoir considérer » l'eau de Grandrif comme ayant des propriétés remar- » quables..... Elle serait rafraîchissante, apéritive, diuré- » tique....., employée avec succès dans les cas de débilité » d'estomac, pour faciliter les digestions, etc. »

Ce travail, qui fut publié dans le *Journal de chimie médicale* de septembre 1836, appela l'attention de mon honorable ami M. le professeur H. Lecoq, de Clermont. Ce savant naturaliste vint en 1837 étudier l'eau de Grandrif à sa source, et après en avoir recueilli, avec le plus grand soin, quelques bouteilles, il en confia l'analyse quantitative à M. Baudin, ingénieur des mines et professeur de chimie industrielle de la ville de Clermont-Ferrand.

M. Baudin, par ses habitudes professionnelles, était depuis longtemps familiarisé avec ces scrupuleuses manipulations.

Voici le résultat de son analyse, qui fut insérée dans la brochure que publia M. Lecoq sur les eaux de Grandrif (1).

Acide carbonique	un volume.
Bicarbonate de magnésie	0,1005
— de soude	0,0993
Carbonate de chaux	0,2308
Silice	0,0455
Sulfate de soude	0,0054
Oxyde de fer	0,0050
Chlorure de sodium	0,0038

(1) *Recherches analytiques et médicales sur les eaux de Grandrif,* brochure in-8, par M. H. Lecoq. Clermont, 1838.

« Cette analyse fait voir, ajoute M. Lecoq (1), que cette
» eau ne renferme qu'une très-petite quantité de matières
» salines ; aussi est-elle très-agréable au goût. Elle renferme,
» il est vrai, à la source même, une quantité de fer très-
» apparente :.... L'analyse de l'eau transportée n'en a plus
» montré la moindre trace. Elle doit être considérée comme
» eau gazeuse par excellence, puisqu'elle contient près du
» double de la quantité de gaz que renferme l'eau naturelle
» de Seltz, qui cependant est la plus célèbre de toutes. Mais
» indépendamment de ses propriétés médicinales, sa saveur
» agréable devra la faire rechercher parmi toutes les autres
» eaux de ce genre. »

Mais il manquait encore aux eaux de Grandrif une dernière
consécration : l'administration supérieure a voulu en faire
précéder l'exploitation des garanties les plus solennelles.
Interrogée par M. le Ministre de l'agriculture et du commerce
sur la valeur thérapeutique et hygiénique de ces eaux,
l'Académie impériale de médecine en confia l'analyse à
M. O. Henry. Le rapport du savant chimiste a confirmé de
tous points le travail et les appréciations de MM. H. Lecoq
et Carré, et les conclusions favorables de ce rapport ont été
adoptées à l'unanimité par l'Académie, dans sa séance du 17
janvier 1854.

Outre les substances déjà signalées par MM. Carré et
Baudin, M. O. Henry a constaté dans les eaux de Grandrif du
bicarbonate de soude et de manganèse, des iodures dans de
faibles proportions, de la matière organique et quelques in-
dices légers d'arsenic dans le dépôt ocracé.

II

On le voit, l'origine de l'eau de Grandrif ne se perd pas
dans la nuit des temps. Les Romains n'en soupçonnaient pas
l'existence, et c'est une parvenue dans la grande famille des

(1) Ouvrage déjà cité.

caux minérales. Mais à défaut de titres de noblesse, elle en a d'autres dont nous allons continuer l'examen.

Toutes les eaux gazeuses naturelles sont apéritives, diurétiques, facilitent les digestions et provoquent une heureuse réaction sur toutes les fonctions de l'économie.

Quelques-unes contiennent peu de gaz, leur saveur est peu agréable et leur action insuffisante.

D'autres, très-gazeuses, mais chargées de substances salines d'une décomposition toujours facile quand elles servent de base à l'acide carbonique, communiquent au vin, quand on veut les y associer, une saveur minérale trop prononcée, pervertissent son principe colorant et sa limpidité, et semblent en un mot se substituer d'une manière trop absolue à cette liqueur généreuse.

L'eau de Grandrif, qui doit être classée parmi les plus riches en gaz, est incontestablement de toutes les eaux connues celle qui contient le moins de sel. L'acide carbonique y est si abondant, et tout à la fois si heureusement combiné, qu'elle possède la légèreté spécifique de l'eau de fontaine; ramenée en effet par correction à 0 de température, sa pesanteur, comparée à celle de l'eau distillée, est de 1,00060 (1).

Cette eau est fraîche, sans odeur, d'une limpidité parfaite, d'un goût piquant franchement agréable, et qu'elle communique au vin, tout en *lui conservant sa couleur et sa transparence*. La stabilité de ses principes minéralisateurs la rend incorruptible, et permet de la garder indéfiniment en bouteilles. Cette stabilité est telle, que même à l'air libre et sans la protection du bouchon, cette eau conserve encore pendant des mois entiers sa saveur appétissante.

Indépendamment des causes mystérieuses dont il faut tenir compte, c'est très-probablement à sa fraîcheur, au sortir du sein de la terre, qu'elle doit cette heureuse combinaison. Pendant les plus grandes chaleurs de l'été, le thermomètre, plongé dans sa source, ne s'élève jamais au-dessus de dix degrés centigrades. Avec un pareil abaissement de tempé-

---

(1) M. Lecoq, ouvrage déjà cité.

rature, les eaux minérales ne conservent que des éléments entièrement solubles, et peuvent résister longtemps à la double influence de l'air et des variations de température.

L'eau naturelle de Seltz, si célèbre et si inférieure sous quelques autres rapports, possède aussi cette fraîcheur privilégiée. Aussi les diverses notices publiées au bénéfice d'autres eaux rivales, ont beau faire comparaître à leur barre l'eau de Seltz naturelle, et prouver à cette aristocratique étrangère qu'elle ne contient qu'un demi-volume de gaz, ce qui la constitue en état d'infériorité flagrante en face de celles qui en contiennent un volume, voire un volume et demi, l'eau de Seltz, fraîche comme celle de Grandrif, incorruptible comme elle, a conservé jusqu'à ce jour, malgré l'élévation de son prix, le monopole de sa riche clientèle.

L'infériorité de l'eau de Seltz tient surtout à la trop grande abondance de sels minéraux qu'elle tient en dissolution. La première condition en effet que doit présenter une eau minérale destinée à servir de boisson pendant les repas, est de ne contenir que des éléments d'une élimination facile. L'eau de Seltz est trop chargée de substances calcaires pour que cette élimination soit toujours heureuse.

On peut en dire autant de celle de Saint-Galmier. Cette eau semble très-rapprochée de celle de Grandrif, et on devrait s'attendre à un mode d'action à peu près identique. L'expérience n'a pourtant pas confirmé cette appréciation. Indépendamment de la couleur repoussante que les principes minéraux de l'eau de Saint-Galmier communiquent au vin, une citation suffira pour signaler quelques autres inconvénients de cette pléthore minérale : « *Les eaux de Saint-* « *Galmier*, dit M. Ladevèze, qui en est le médecin inspecteur, « *doivent être rigoureusement défendues aux constitions ner-* « *veuses et irritables* (1). »

Nous ferons observer, en regard de cette citation, que les eaux de Grandrif sont tous les jours conseillées avec succès pour *les constitutions nerveuses et irritables*.

Ces eaux naturelles sont appelées à remplacer sur toutes

(1) Les *Trois Sources de Saint-Galmier*, par le docteur Minaret, page 16.

les tables les préparations gazeuses artificielles, dont l'intervention est toujours nulle ou agressive pour l'organe de la digestion : nulle, quand elles ne contiennent que du gaz emprisonné dans la bouteille; agressive, quand elles contiennent des acides comme les limonades gazeuses.

Ce n'est pas, en effet, au gaz comprimé, mais non combiné dans l'eau, qu'il faut demander une stimulation salutaire sur le travail de la digestion; le gaz qui n'est pas à l'état de combinaison se dégage du verre, entre les dents, par les narines; et si quelques bulles sont entraînées dans l'estomac, on en est averti par un sentiment de pesanteur et un ballonnement des plus incommodes, dont fort heureusement quelques éructations font justice.

Si l'on verse de l'eau de Grandrif sur un mélange de sucre en poudre et de jus de citron, on obtient une limonade des plus savoureuses, et il se manifeste dans le liquide une vive effervescence avec dégagement d'acide carbonique. Ce phénomène donne une idée assez exacte de ce qui se passe dans l'estomac quand les eaux naturelles gazeuses sont mêlées au bol alimentaire. Les acides de l'estomac font l'office du jus de citron, et il en résulte un double bénéfice au profit de la digestion. L'excès d'acide gastrique est neutralisé par son contact avec l'eau minérale, et les nouvelles combinaisons qui en résultent rendent peu à peu à la liberté le gaz acide carbonique, dont la bienfaisante excitation se fait sentir alternativement sur toute la surface du ventricule.

III

Pour apprécier l'eau de Grandrif au point de vue de l'hygiène et de l'agrément, il n'est pas besoin de consulter la science : l'instinct individuel est un guide suffisant.

Mais ces eaux présentent un intérêt médical assez sérieux pour que j'indique au moins les affections dans lesquelles elles m'ont paru spécialement utiles.

Dès 1836, l'eau de Grandrif acquit une certaine célébrité. Inconnu jusque-là, son nom devint populaire dans les arrondissements d'Ambert et de Montbrison, et la source, laissée sans direction et sans contrôle, n'ayant pour auxiliaires ni concours médical, ni publicité, ni établissement de bains, etc., voyait accourir tous les ans bon nombre de buveurs; la foi et la reconnaissance des malades lui tenaient lieu de tout.

Les limites de cette notice ne me permettent pas de publier actuellement les observations intéressantes que j'ai recueillies sur l'action des eaux minérales de Grandrif. Je me bornerai aujourd'hui à signaler leur heureuse influence dans la fièvre intermittente, quelques affections des voies urinaires, la chlorose et les maladies chroniques du tube digestif.

La fièvre intermittente, même la plus rebelle, celle qui reconnaît pour origine l'infection paludéenne, les désordres qui l'accompagnent quand elle a résisté aux antipériodiques (engorgement de la rate, obstructions diverses, appauvrissement du sang, etc.), ont pour la première fois appelé l'attention du monde médical sur l'emploi de ces eaux. Prises à la source, elles constituent en effet un véritable spécifique contre les fièvres printanières, et les accidents qu'engendrent la fièvre d'automne et celle des marais.

Toutes les maladies de l'appareil urinaire ne doivent pas être soumises indistinctement à l'usage de l'eau de Grandrif : les phlegmasies aiguës, les lésions organiques et les obstacles mécaniques réclament un traitement et des soins spéciaux. Cette eau est surtout appelée à prévenir ou à combattre la formation des graviers dans le rein, la colique néphrétique et l'incontinence ou la rétention d'urine. Pour ces infirmités si fréquentes et souvent si graves, elle m'a toujours semblé bien autrement active, en boisson habituelle pendant les repas, que l'eau de Vichy administrée dans les mêmes conditions, c'est-à-dire loin de la source.

Malgré la réserve que j'ai dû m'imposer, qu'il me soit permis de mettre sous les yeux du lecteur une observation qui eut un certain retentissement. M. Linirias, employé dans une fabrique de châles à Paris, se plaignait depuis longtemps de douleurs dans le bas-ventre et dans les reins, avec difficulté dans l'émission des urines. En 1840, cette affection prit un caractère alarmant, la rétention devint absolue et résista à tous les moyens rationnels employés. M. Linirias était originaire d'Ambert; le découragement et le besoin de repos le ramenèrent dans sa famille. Là quelques amis qui professaient pour l'eau de Grandrif une admiration sans bornes, et qui la considèrent encore comme une panacée universelle, lui en conseillèrent l'usage et le décidèrent à tenter ce dernier moyen. Le résultat de l'expérience fut vraiment merveilleux : au bout de quinze jours, la guérison était complète. Ce succès s'est maintenu jusqu'à ce jour ; mais il est bon d'ajouter que tous les ans l'heureux malade se faisait expédier à Paris sa provision d'eau de Grandrif en bouteilles, et que, jusqu'en 1852, l'instinct de la conservation le ramenait chaque printemps à la source où il retrouva toujours santé et sécurité.

J'aurais pu joindre à cette observation deux cas de diabète sucré, enrayés jusqu'ici par l'usage de l'eau de Grandrif (depuis 3 et 5 ans), et je regrette vivement que cette médication n'ait pas été tentée sur une plus grande échelle.

Je citerai sans commentaire la chlorose ou pâles couleurs. Personne n'ignore aujourd'hui que dans cette désolante maladie, le sang subit une altération profonde, et qu'elle réclame avant tout l'intervention du fer et des toniques en général.

J'arrive aux affections chroniques des organes de la digestion. Après avoir écarté les dégénérescences organiques et quelques hémorragies, nous n'avons à nous occuper ici que de ce groupe de désordres si fréquents et parfois si bizarres qu'on a classés sous les noms de gastralgie, gastrite chronique et hypocondrie, et dont voici les symptômes habituels : langue blanche, appétit nul ou dépravé, appétence pour les boissons acides ou des aliments salés, digestions laborieuses, sentiment de plénitude et figure injectée après le repas, douleur ou malaise de chaque côté de l'estomac, battements anormaux à l'épigastre, constipation, préoccupations hypocondriaques, etc.

L'eau de Grandrif a le plus souvent raison de tous ces désordres fonctionnels, qui accusent un état d'atonie des mu-

queuses gastro-intestinales ou un vice d'innervation dans les
appareils du nerf grand-sympathique.

Ici se place naturellement une question : Quels sont, parmi
les agents révélés par l'analyse, ceux qui peuvent imprimer à
l'économie des modifications aussi puissantes? L'acide carbonique suffit-il à donner l'explication de phénomènes si variés?
Faut-il lui attribuer l'heureuse réaction des eaux de Grandrif,
contre les défaillances morales de l'hypocondrie?

Quelques atomes d'arsenic, que l'eau prise à sa source contient pour ainsi dire à regret, puisqu'elle s'en débarrasse au
plus vite, peuvent-ils dompter les fièvres intermittentes re-
belles (1)?

Est-ce la silice et les bicarbonates alcalins qui détergent les
reins, dissolvent les graviers et restituent à la vessie son élas-
ticité originelle?

Quelques doses infinitésimales de fer, de manganèse ou
d'iode, suffisent-elles à arracher une jeune fille à ces limbes
sans soleil et sans printemps qu'on appelle les pâles couleurs?

Enfin, les quelques centigrammes de sels de soude et de
magnésie que conserve cette eau, sont-ils assez énergiques
pour décaper pour ainsi dire les muqueuses digestives et ré-
tablir leur mouvement régulier de sécrétion et d'absorption
quand il est irrégulier ou interrompu?

Tous ces agents, isolés, seraient impuissants, sans aucun
doute, à accomplir pareille œuvre. Il faut demander cette explication à tous les éléments de l'eau minérale réunis, à leur
association avec cette matière organique, si mystérieuse, qui

(1) M. Thenard, dont le nom est si populaire dans le monde savant,
pense que la présence de l'arsenic dans les eaux minérales naturelles,
exerce sur les malades la plus heureuse et la plus décisive influence.
Voici ce que nous lisons dans un ouvrage très-remarquable que le savant
chimiste vient de publier sur les eaux du Mont-Dore :
« Frappé de l'effet énergique de ces eaux sur l'économie animale, je
» ne pouvais croire qu'il fût dû uniquement aux traces de fer et à la
» petite quantité d'acide carbonique et de bicarbonate de soude qu'elles
» contiennent, lesquels sont associés d'ailleurs à d'autres matières qu'on
» retrouve presque partout, savoir : le sel marin, les carbonates de chaux
» et de magnésie, et la silice....... On ne saurait mettre en doute que
» ce ne soit à l'arseniate de soude qu'elles doivent leur puissante action
» (elles contiendraient un milligramme d'arsenic par litre). »

échappé à l'analyse, qu'on ne retrouve que dans les eaux minérales naturelles, et qui faisait dire à Bordeu que ces eaux étaient des êtres doués d'une vie particulière. La nature s'en est réservé le secret.

Du reste, quelques-uns des agents les plus actifs disparaissent en bouteille; le fer n'y laisse plus de trace, et les recherches les plus minutieuses n'ont pu y surprendre un atome d'arsenic. C'est alors que cette eau, tout en conservant son goût acidule et piquant, se dépouille du mordant métallique des eaux naturelles, et acquiert cette saveur délicate qui en fait une eau de table sans rivale.

Dupasquier, l'éminent chimiste, médecin de l'Hôtel-Dieu de Lyon, proclamait l'eau de Condillac la reine des eaux de table. M. Vineux-Duval ajoutait, en parlant de ces eaux : « Elles aident merveilleusement à la digestion chez les convalescents, chez les personnes atteintes de gastrite chronique, de gastralgie, de flatuosités, d'affections organiques du foie, du poumon, des reins, etc., etc. Enfin les affections des voies digestives, si communes en notre siècle de gourmandise, et les estomacs faibles, chez lesquels une petite quantité de nourriture, même la plus légère est un pénible travail, trouveront dans les eaux de Condillac un tonique par excellence, etc., etc., etc. »

Ces appréciations conviendraient plus justement encore à l'eau de Grandrif.

Enfin, boisson de luxe et de comfort, malgré la modicité de son prix, elle pourra pétiller sur les tables les plus modestes, comme aux banquets des heureux de la terre. Elle assainira le breuvage acide et frelaté des uns, tempérera les vins trop généreux de quelques autres, à tous elle laissera des digestions faciles et un bon souvenir.

Ambert, 1er juillet 1857.

MAISONNEUVE,

D. M. P., Inspecteur des Eaux de Grandrif.

PARIS. — IMP. POITEVIN, RUE DAMIETTE, 2.

www.ingramcontent.com/pod-product-compliance
Lightning Source LLC
Chambersburg PA
CBHW050356210326
41520CB00020B/6333